UNION SPIRITE FRANÇAISE

J.-B. ROUSTAING

DEVANT

Le Spiritisme

RÉPONSE A SES ÉLÈVES

PARIS

AU BUREAU DU JOURNAL : *Le Spiritisme*

39 et 41, Passage Choiseul, 39 et 41

—

1883

UNION SPIRITE FRANÇAISE

J.-B. ROUSTAING

DEVANT

Le Spiritisme

RÉPONSE A SES ÉLÈVES

PARIS

AU BUREAU DU JOURNAL : *Le Spiritisme*

39 et 41, Passage Choiseul, 39 et 41

1883

PRÉFACE

En publiant cette brochure, nous devons quelques explications préliminaires à ceux de nos lecteurs qui, n'étant pas très au fait de la question, pourraient se laisser induire en erreur par les sophismes au moyen desquels on essaye de donner le change sur des allures et des procédés injustifiables. Sophismes à signaler, car ils émanent de la Direction même qui, ayant charge d'âmes, devait, avant tout, l'exemple d'une incorruptible fidélité à la cause qu'elle prétendait représenter. Or, son attitude, en diverses occurences, appelle une énergique protestation de quiconque refuse d'en partager la responsabilité.

Nous sommes de ceux-là.

Il faut que les adeptes sincères sachent, enfin, où porter leurs regards pour retrouver, dans toute son intégralité, cette sublime philosophie des Esprits dont Allan Kardec a reçu le plan et nous a légué le développement indéfini, par des procédés rationnels et scientifiques inconciliables avec les subtilités creuses et les compromis cauteleux.

Il faut, aussi, bien établir qu'il n'y a pas d'autre schisme, parmi nous, que la singulière évolution d'un journal, organe primitif de nos croyances qui, depuis un certain temps, semble être tout au monde, excepté spirite convaincu.

Il faut, en un mot, placer chaque élément dans sa

propre sphère, répudier toute solidarité de mauvais aloi et laisser le public juge !

C'est le triple but des pages que nous soumettons au lecteur.

Des faits considérables se sont produits assez récemment dans le monde spirite. Ce sont :

1° La création de notre Société ;

2° La propagande théosophique ;

3° L'agression posthume de J.-B. Roustaing, contre Allan Kardec et son œuvre.

De graves équivoques ont surgi de ces trois évènements et risquent, en se prolongeant, de diviser les adeptes d'une même foi sur de simples questions de noms plus ou moins influents parmi nous.

L'heure est venue d'accentuer nettement les situations. Le devoir s'en impose à l'*Union spirite* qui, n'étant pas une personnalité, mais le palladium d'un principe, est parfaitement qualifiée pour le remplir.

Et d'abord, quand, à côté de la *Société pour la continuation des œuvres d'Allan Kardec*, nous nous sommes constitués comme centre actif d'études et de propagande spirites, le mot *scission* prononcé tout haut, a rapidement passé de bouche en bouche et trompé ceux dont la clairvoyance, dès longtemps déjà, se trouvait en défaut. Quant à nous, vivement frappés du danger que peut courir une cause centralisée aux mains de quelques hommes retranchés dans leur omnipotence, nous avons surtout voulu donner au Spiritisme une sauvegarde inviolable : la vigilance et le concours de **tous ceux qui le professent avec sincérité**.

Pour cela, nous avons dû fonder un journal ouvert à toute vérité **démontrée** ; mais, d'un commun accord, nous en proscrivons les philosophies purement spéculatives et par là même dénuées de sanction, comme aussi, les systèmes évidemment **hostiles** à nos convictions scientifiques consacrées par trente années d'études expérimentales.

Notre publication tend à condenser, à grouper sympathiquement les éléments du spiritisme pour en faire une puissance capable de s'assimiler, en les réalisant, tous les progrès qu'il embrasse ; de résister efficacement à toutes les ambitions et les haines qui peuvent le menacer, et de garder intacts ses principes fondamentaux, aussi longtemps qu'ils suffiront à notre ascension vers des vérités plus complètes et plus élevées encore.

A nos yeux, un journal spirite qui, **sous prétexte de « tolérance et de libre discussion »**, abrite des théories dont la prétention **avouée** est de se substituer au Spiritisme ou, seulement, de l'amoindrir, ce journal, disons-nous, ment à son titre comme à sa mission.

Le soleil de la publicité luit, pour tout le monde ; rien n'empêche donc nos adversaires d'avoir aussi *leurs* journaux ; mais faire, dans les nôtres, leur propagande et leur réclame, au détriment de notre propre cause, serait odieux encore plus qu'inepte.

Si toutes les rédactions spirites l'avaient compris, nous ne serions pas contraints, aujourd'hui, de venir défendre Allan Kardec et sa doctrine contre les coupables complaisances d'une presse qui, faible jusqu'à la défection, en faveur des ennemis du Maître, se montre implacable envers ses adeptes les plus dévoués.

Les fondateurs de l'*Union spirite*, en constatant, de longue date, les symptômes précurseurs d'une crise certaine, désiraient la conjurer; il n'a pas dépendu d'eux qu'elle n'eût pas lieu. Un premier avertissement, publié dans notre feuille (juin 1883), est resté sans résultat; maintenant, il est trop tard; devant les procédés inexplicables dont nous sommes témoins, deux seuls partis s'offrent à nous: ou devenir complices des menées qui se font jour contre la Doctrine, ou dégager publiquement notre responsabilité. Dans cette rigoureuse alternative, nous ne saurions hésiter: nous protestons; l'accomplissement de ce devoir nous fournissant, au reste, une occasion solennelle de dissiper les obscurités qui planaient encore sur nos origines et nos intentions. En nous affirmant, avec preuves à l'appui, pour ce que nous sommes, nous détruisons bien des préventions fâcheuses, bien des équivoques plus ou moins volontaires et, surtout, nous démontrons que la *scission* dont on a fait tant de bruit, se réduit à la défense loyale et motivée de la cause spirite, au nom de laquelle nous prémunissons nos frères contre les entreprises ténébreuses qui lui empruntent son drapeau, afin de s'introduire plus sûrement dans la place.

Pour l'Union spirite :

SOPHIE ROSEN (DUFAURE),

Ex-vice-présidente
de la Société scientifique d'études psychologiques de Paris

J.-B. ROUSTAING

DEVANT

LE SPIRITISME

ALLAN KARDEC ET ROUSTAING

(1er ARTICLE)

Je viens de recevoir une brochure intitulée : « *Les* « *Quatre Evangiles de J.-B. Roustaing, réponse à ses* « *critiques et à ses adversaires*, par les élèves de « M. Roustaing. »

D'abord, « *Le Spiritisme chrétien ou la Révélation* « *de la Révélation, les Quatre Evangiles*, suivis des « commandements expliqués en esprit et en vérité par « les Évangélistes assistés des Apôtres, recueillis et mis « en ordre par J.-B. Roustaing », a-t-il des adversaires et des critiques ? Le temps a fait justice de cet ouvrage, peu de personnes le lisent; je l'ai lu il y a quinze ans. J'ai cru faire un grand acte de vertu en allant jusqu'au bout, tant il était fatigant.

Cette brochure (1) est écrite avec une perfidie digne des

---

(1) Pour les raisons indiquées plus haut (p. 45, note 1), je vais relever de cet article, publié par la *Revue Spirite* (juillet 1883), quelques-uns des fragments qu'on y a changés ou supprimés.

Cet examen comparatif nous édifiera sur les égards professés par cette feuille, pleine d'admiration hypocrite pour Kardec, envers ceux qui le défendent : (MICHEL ROSEN.)

« Cette brochure me semble manquer de mesure, n'est pas spirite « à mon point de vue, fût-on l'admirateur forcené de M. Roustaing.

élèves de Loyola. Il n'y a pas un spirite, j'aime à le croire, qui écrirait de cette façon ; fût-il un admirateur forcené de M. Roustaing : En voici la preuve tirée de la *Révélation de la Révélation* (p. 281).

Je cite textuellement pour en faire comprendre le style.

« Les vrais adorateurs que le Père demande, les ado-
« rateurs du Père en esprit et en vérité sont tous ceux
« qui, quel que soit le culte extérieur dans lequel la
« réincarnation les a fait naître, repoussent la matéria-
« lisation du culte, qui ne reconnaissent pour le Père
« d'autre temple que le cœur de l'homme, d'autre
« sanctuaire que la conscience de l'homme, et qui
« s'élèvent vers le Père par l'hommage de la pensée, du
« cœur et des actes, par leurs efforts sérieux et soutenus
« dans la pratique de l'amour de Dieu par-dessus toutes
« choses et du prochain comme de soi-même ; qui, ne
« voyant dans *tous les autres hommes* que des frères,
« ont la foi en Dieu et la charité, sous toutes ses formes,
« selon la loi de l'amour, s'efforçant toujours dans
« l'ordre physique, moral et intellectuel et dans la sin-
« cérité du cœur, de ne jamais faire aux autres, par la
« parole et par les actes, ce qu'ils ne voudraient pas
« qu'il fût fait à eux-mêmes ; de faire, au point de vue
« du bien, de ce qui est vrai, juste et bon, aux autres,
« par la parole et par les actes ; ce qu'ils voudraient
« qu'il fût fait à eux-mêmes. » (Christ l'a dit plus simplement.)

Eh bien ! Si M. Roustaing avait mis en pratique, en esprit et en vérité, ces belles maximes, il n'attaquerait

---

« En voici la preuve tirée de la *Révélation de la Révélation*, p. 281.
« Je cite textuellement :
« Les vrais adorateurs »...... etc.

pas M. Kardec, qu'il ne considère que comme un missionnaire chargé d'écrire le *Livre des Esprits* et le *Livre des Médiums*, mais que là devait s'arrêter sa mission, à la phase matérielle. J'en appelle aux spirites, trouvent-ils que les Evangiles, le Ciel et l'Enfer et la Genèse, sont des livres inutiles ? Mais qui défendait aux esprits, pour répandre plus de lumière, de dicter aussi aux médiums de M. Kardec, les Evangiles selon le Spiritisme ? Personne n'a empêché M. Roustaing de faire imprimer son livre et de le répandre. Si le *temps* et la *raison* des spirites ont fait la conspiration du silence et ont enterré, en esprit et en vérité, la *Révélation de la Révélation*, qu'y faire ?

Les réflexions et observations posthumes de M. Roustaing prouvent qu'il a été froissé de l'article de la *Revue de Juin 1866*, ce (1) qui dénote beaucoup d'orgueil ; cependant, cet article est plein de mansuétude pour une œuvre qui ne donnait aucune preuve de ce qu'elle avançait, touchant l'incarnation du Christ, que les communications de l'Esprit, son guide. L'auteur en avait l'intuition, car il n'a pas fait paraître ses récriminations ; ce n'est qu'après sa mort qu'on s'en est emparé pour jeter la désunion parmi nous, espérant qu'une polémique s'établirait.

J'espère que non ; la gloire de notre illustre Maître n'a pas besoin d'être défendue, elle est assez brillante pour éblouir tous ces pauvres envieux qui en sont aveuglés. M. Roustaing a attendu que le temps fasse son œuvre. Ce critérium est fait, l'oubli l'entoure, et ce n'est pas du fond de sa tombe qu'il pourra faire revivre cet ouvrage.

(1) D'après la *Revue* : « Ce qui dénote un certain orgueil,... etc. »

Je ne voulais pas aborder la question touchant le Christ, je ne suis pas une savante, grâce à Dieu ; cependant j'ai lu avec attention les travaux de Crookes, j'y ai vu que la matérialisation de l'esprit de Katie ne pouvait s'obtenir que lorsque Mlle Cook, médium, était *entrancée* et *présente*. Pourrait-on me dire pourquoi le Christ a été enfant, puisqu'il pouvait prendre un corps fluidique, comme Katie, et arriver sur terre dans l'âge viril ? Il attend jusqu'à trente ans pour commencer sa mission. Où était le médium pour lui donner les fluides nécessaires à sa matérialisation ? Ceci est une loi de la nature : il faut un médium, et toujours le même. Les apôtres n'en parlent pas, Jésus non plus, ni même l'esprit docète de M. Roustaing. Voilà le résultat des travaux scientifiques, ne vous en déplaise, en opposition avec la *Révélation de la Révélation* et avec les auteurs de la brochure, qui avaient fait appel à tous les hommes de science, voire même à M. Godin, qui doit être fort surpris, cet honnête industriel, de se voir en si illustre compagnie : Jésus, Brahma, Goutomo, Zoroastre, Socrate, Keppler, Newton, Calvin; j'en passe (1).

Que font-ils, ô mon Dieu ! du magnifique sacrifice du Calvaire ? La trahison de Judas, l'abandon des Apôtres, la condamnation de l'Innocent, l'insulte, la torture et le crucifiement, splendide enseignement de la résignation dans la souffrance, de l'obéissance à la volonté de Dieu, notre Père, du pardon des injures et de l'amour de l'humanité tout entière, et tout cela ne serait qu'une apparence ! Jésus aurait menti au sacrifice de la croix, il aurait joué une comédie indigne ! Depuis dix-huit cents ans,

---

(1) Tous ces noms ont été retranchés, ce qui donne à la phrase précédente une tournure blessante pour l'honorable M. Godin, que nous tenons en grande estime. MICHEL ROSEN.

l'humanité chrétienne aurait pleuré sur des souffrances apocryphes ! Les martyrs auraient souffert dans leurs *chairs* pantelantes pour défendre sa doctrine et se dire ses serviteurs ; de nos jours encore, les missionnaires pleins de foi, de courage, vont exposer leur vie pour porter la lumière dans des hordes sauvages, et Jésus, le Messie de Dieu, l'Esprit protecteur de notre planète, qui doit nous conduire à la perfection, aurait commencé sa mission par la fraude et l'imposture. Oh ! les insensés d'oser avancer de pareilles erreurs !

Oui, nous sommes de ces spirites auxquels il faut un Jésus qui saigne, qui pleure, qui, pantelant et tout en lambeaux, pardonne à ses bourreaux. Au nom de notre raison de spirites Kardecistes, nous repoussons de toute la force de notre amour pour le Christ et sa sublime doctrine, les dogmes de l'Immaculée-Conception, de la Divine incarnation par l'opération du Saint-Esprit, du mystère de la Sainte-Trinité ; tout cela est dans le livre de M. Roustaing.

Soyez dogmatistes (1), sectaires, vous en êtes parfaitement libres ; croyez, messieurs ses savants élèves, aux agénères, aux succubes, aux incubes ; soyez docètes si vous voulez, mais ne nous imposez pas vos ineptes brochures. Laissez-nous tranquillement prier pour l'esprit de M. Roustaing, qui doit en avoir besoin, et pour vous.

B. Frοpο,

Amie dévouée de M. et Mme Allan Kardec.

---

(1) D'après la *Revue* :

« Soyez dogmatistes, sectaires, vous en êtes parfaitement libres ;
« croyez, Messieurs les savants, aux agénères, aux succubes, aux
« incubes ; soyez docètes si vous voulez, mais ne nous imposez pas
« vos brochures. »

Le reste est supprimé.

RÉPONSE A M. GUÉRIN

Dans un article de la *Revue du mois d'Août*, intitulé : « Allan Kardec et Roustaing », l'auteur, M. Guérin, émet plusieurs propositions que nous croyons en opposition absolue avec les principes de la doctrine spirite. Il ne nous appartient pas de discuter les questions de personnalité contenues dans cet article ; mais, comme spirite, nous avons le droit d'examiner certaines théories qui nous paraissent contraires à la logique et à l'enseignement donné jusqu'à ce jour par les esprits. Tout d'abord, il nous semble que M. Guérin se fait peut-être une idée trop haute du mérite de M. Roustaing. Sans nier toutes les qualités d'un homme qui, par ses propres capacités, est arrivé à se créer une situation honorable dans le monde, nous devons reconnaître que son œuvre : La *Révélation de la Révélation*, est loin d'offrir aux chercheurs les preuves des théories qu'il soutient. Le style lourd et diffus de cet écrit contribue sans doute à produire la mauvaise impression qui se dégage d'une lecture assidue de cet ouvrage. Quelle différence avec les écrits de notre maître Allan Kardec, où tout est logique, clarté, concision !

L'influence d'Allan Kardec s'est fait sentir dans l'univers entier ; ses vues si justes et si profondes ont révélé au monde une philosophie basée sur des preuves positives, alors que le bâtonnier de l'ordre des avocats de Bordeaux est à peine connu de quelques rares spirites studieux. Il nous semble donc que l'on ne peut établir de comparaison entre ces deux hommes, qui n'ont eu de commun que le désir de faire le bien.

Allan Kardec, logicien de premier ordre, comme le reconnaît M. Guérin, se fût bien gardé, pour expliquer la vie de Jésus, d'avancer des hypothèses aussi hasardeuses que celles qui sont faites par les esprits qui assistèrent M. Roustaing. Si nous avons bien compris la *Révélation de la Révélation, les quatre Evangiles suivis des commandements*, etc., il ressort de ce livre ce principe : Que le Christ n'a pas eu un corps matériel comme le nôtre, « un corps de fange et de boue », mais une enveloppe fluidique, concrétée, n'ayant que l'*apparence* d'un organisme humain.

Il est à remarquer que toutes les religions ont eu à cœur d'entourer de mystères et de prodiges la naissance des réformateurs. Les histoires les plus extraordinaires ont été inventées par l'imagination pour expliquer leur origine et donner une sanction surhumaine à leurs enseignements. C'est surtout au milieu des mœurs relâchées de l'Asie, que s'implanta le dogme de la conception des vierges sous l'influence Divine.

Alcmène donna naissance à Alcide après avoir connu un Dieu (1280 ans avant Jésus-Christ) ; Cérès qui enfanta Osiris fut vierge et ne lui donna le jour que par l'office de Jupiter ; Moïor, la mère de Chrishna, était une femme d'une pureté immaculée ; Minerve, quoique vierge, donna naissance à Bacchus ; enfin, la vierge Marie aurait enfanté le Christ sous l'action du Saint-Esprit.

Pour tout observateur non prévenu, il est impossible de voir dans ce dernier fait autre chose que la continuation des croyances antiques, relatives aux grands hommes ; c'est de l'antropomorphisme tel qu'il se pratiquait à ces époques peu éclairées, et saint Paul, en instituant la divinité de Jésus, fit plus de mal au Christianisme que toutes les persécutions romaines. Les esprits qui guidèrent M. Roustaing sont les rénovateurs de ces idées Ils prêchent l'accouchement fluidique de la Vierge, n'est-ce pas, sous une forme appropriée aux doctrines actuelles, la résurrection du dogme de l'Immaculée Conception ?

D'ailleurs, il n'est pas prouvé du tout que le corps du Christ n'ait été qu'une vaine apparence ; il nous paraît que les disciples qui ont vécu avec lui pendant trois années, que les saintes femmes qui l'ont descendu de la croix et enseveli, n'ont pas enterré une *apparence* de corps, mais bien le cadavre du Christ. Pourquoi vouloir créer des théories en opposition si formelle avec toutes les données de la science ? N'y aurait-il pas une dérogation flagrante aux lois établies par Dieu pour la propagation de l'espèce humaine ? Comment, ce fait ne se serait produit que pour le Christ seul ! Il aurait été l'objet d'une manifestation spéciale de la puissance divine, ou autrement dit, il eût été employé à son égard des lois qui ne peuvent s'appliquer qu'à lui seul ? Mais ceci a tout le caractère du miracle, et dans le plus mauvais sens du mot. Notre raison se refuse à admettre une pareille interprétation de l'incarnation de Jésus. M. Guérin croit que c'eût été pour le Christ une rétrogradation que de s'incarner dans un corps terrestre ; il nous semble que jusqu'alors il n'a pas été dit par les esprits que venir en mission ici-bas fût rétrograder. Il ressort, au contraire, de tout ce qu'on nous a révélé à ce sujet, que c'est faire preuve de dévouement et d'abnégation de soi-même que de venir prêcher aux hommes les lois d'amour et de fraternité, en se soumettant comme eux à toutes les vicissitudes de la matière. Pourquoi Christ n'a-t-il enseigné qu'à trente ans ? C'est qu'il a été, ainsi que tous les incarnés, obligé d'apprendre ; ses facultés intellectuelles, extrêmement développées, lui ont facilité la tâche, mais il n'en est pas moins vrai qu'il a étudié dans les temples. Et le jeûne des quarante jours et la tentation qu'il a supportée, ne seraient-ils pas d'insignes mensonges si Christ n'eût réellement souffert ces épreuves ? Où serait l'exemple à suivre, si celui qui doit le donner n'eût pas été, comme nous, sujet à la douleur ? Dans ces matières rien ne peut mieux nous éclairer que la comparaison. Imaginons qu'un esprit élevé, celui d'un missionnaire, se résolve à s'incarner au milieu des populations sauvages du centre de l'Afrique pour les faire progresser ; ne serait-il pas obligé de prendre un corps comme le leur ? Supposons qu'il périsse victime de son dévouement, n'aura-t-il pas à endurer tous les supplices de la mort terrestre ? Où, dans ce cas, est la déchéance ? En est-il moins sublime pour traverser les épreuves sans faiblir ?

Eh bien ! le Christ, que nous reconnaissons pour le plus grand esprit qui ait paru sur la terre, est précisément dans le même cas. Il a senti le besoin de prêcher d'exemple, et il nous a donné, pendant son incarnation, le type idéal de la perfection humaine à laquelle nous devons tous atteindre.

Il est bien inutile, en effet, de parler des expériences des Crookes, des Zoëllner, des Wallace, etc., car elles n'ont aucun rapport avec le sujet qui nous occupe. Crookes, au moyen d'un médium approprié à ce genre de manifestation, a constaté que l'esprit pouvait momentanément revêtir une enveloppe charnelle; mais ce n'est que pendant une durée très courte (deux ou trois heures, au plus), et en empruntant du fluide vital au médium qui se trouve, par ce fait, en catalepsie. Ceci n'a donc rien de commun avec une incarnation du Christ ; car là encore, l'esprit de Katie n'a pas une *apparence* humaine, mais bien un corps comme le nôtre, qui a autant de réalité et de tangibilité que tous les organismes terrestres. Elle a même laissé des débris matériels de son vêtement.

Non seulement, la théorie du corps fluidique de Jésus n'est pas soutenable, mais où la prétention nous semble outrée, c'est lorsqu'on veut mettre Allan Kardec en contradiction avec lui-même. M. Guérin cite un passage de l'*Imitation de l'Evangile*, en soulignant les phrases où, selon lui, le Maître donnerait raison aux hypothèses de M. Roustaing. Reprenons cette citation :

« Le rôle de Jésus n'a pas été simplement celui d'un législateur moraliste sans autre autorité que sa parole, *il est venu accomplir les prophéties* qui avaient annoncé sa venue ; il tenait son autorité de *la nature exceptionnelle de son esprit* et de sa mission divine. »

Il est notoire qu'ici Allan Kardec fait manifestement allusion à la haute valeur intellectuelle du Christ ; c'est, en effet, un avancement exceptionnel parmi les esprits de la terre, puisqu'il en est le premier, et qu'il a mission de faire progresser notre humanité. De plus, des médiums que l'on a appelés prophètes ont annoncé sa venue. Qu'y a-t-il là d'extraordinaire, et qui puisse justifier M. Roustaing?

Poursuivons :

« Cependant, il n'a pas tout dit, et sur beaucoup de points, il s'est borné à déposer le germe des vérités qu'il déclare lui-même ne pouvoir être encore comprises ; il a parlé de tout, mais en termes plus ou moins explicites. Pour saisir le sens caché de certaines paroles, il fallait que de *nouvelles idées* et de *nouvelles connaissances* vinssent en donner la clef, et ces progrès ne pouvaient venir avant un certain degré de maturité de l'esprit humain. La *science* devait puissamment contribuer à l'éclosion et au développement de ces idées ; il fallait donner à la *science* le temps de *progresser*. »

M. Guérin ajoute : « Est-ce suffisamment clair et concordant avec ce que Roustaing a écrit, pour justifier la nécessité actuelle d'une interprétation plus rationnelle des Evangiles ? »

Eh bien, franchement, il faut plus que de la bonne volonté pour porter les phrases citées plus haut à l'actif de la théorie du corps fluidique. Lorsque Allan Kardec écrit que de nouvelles idées et de nouvelles connaissances sont nécessaires pour comprendre les Evangiles, il est évident qu'il entend par là désigner la science spirite qui éclaire d'un jour nouveau toute la vie de Jésus. Ce qui le prouve, c'est que dans les Evangiles il ne se sert pas une fois de l'hypothèse du corps fluidique, et pourtant il donne des miracles l'explication la plus claire et la plus satisfaisante. Oui, au moyen de notre Doctrine, telle qu'elle est exposée dans les œuvres du Maître, on peut logiquement faire comprendre à tous, ce que l'on a appelé à tort des miracles. Le Christ, par sa grande pureté, son élévation, possédait une *science* et une *force* bien supérieures aux nôtres, mais dont nous avons tous les germes en nous. De nos jours, ne voyons-nous pas des médiums guérisseurs d'une puissance étonnante ? Eh bien, prenez la faculté de l'un d'eux, multipliez-la par le degré d'avancement du Christ, et vous expliquerez toutes ses guérisons. Quant à sa double vue, elle était permanente, précisément parce qu'il était de beaucoup plus élevé que nous. Mais, dans tout ceci, nous ne découvrons rien qui autorise M. Guerin à prétendre que Roustaing et Allan Kardec étaient du même avis, nous y trouvons manifestement les preuves du contraire.

De même, M. Guérin fait une regrettable confusion, au profit des théories qu'il soutient, dans le passage suivant emprunté à Allan Kardec :

« Selon le monde sur lequel l'esprit est appelé à vivre, *celui-ci prend l'enveloppe appropriée à la nature de ce monde.* Le périsprit lui-même subit des tranformations successives ; il s'éthérise de plus en plus, jusqu'à l'épuration complète qui constitue les purs esprits. Si des mondes spéciaux sont affectés comme station aux esprits très avancés, ces esprits n'y sont point *attachés* comme dans les mondes inférieurs ; l'état de dégagement où ils se trouvent, leur permet de se transporter partout où les appellent les missions qui leur sont confiées. »

La première phrase de cette citation dit, bien clairement, que l'esprit est obligé de prendre l'enveloppe appropriée à la nature du monde sur lequel il vient ; or, sur la terre cette enveloppe est le corps humain. Plus tard, en progressant, les esprits des *mondes supérieurs* peuvent se transporter d'un globe à l'autre pour y accomplir des missions, mais en arrivant sur ces mondes, ils revêtent l'enveloppe qui y est nécessaire. Nous ne voyons pas encore en quoi Allan Kardec se contredit ou donne raison à M. Roustaing.

Il résulte de tout ceci qu'Allan Kardec n'a pas partagé le moins du monde les *hypothèses* qui font du Christ un être fluidique. Que son ouvrage sur l'Evangile, loin d'être une *Monographie* des œuvres de M. Roustaing est, au contraire, un livre attrayant et bien écrit, qui a l'avantage de se trouver en parfaite harmonie avec l'enseignement général des esprits et surtout avec la raison. Il n'a pas manqué d'inspirateurs spirituels pour dicter des théories plus ou moins extraordinaires ; mais ce qui fait la force d'Allan Kardec c'est que sa révélation a eu pour elle le contrôle universel. C'est d'ailleurs ce qui lui a assuré la prédominance sur les théories fantaisistes de MM. Michel, de Figanière, Roustaing, etc., etc.

A notre époque de *science positive*, de libre examen, alors que nos doctrines ont tant de peine à s'implanter parmi les gens de science, nous ne devons accepter que les faits bien démontrés, les théories reconnues justes et en accord avec l'enseignement général. C'est en suivant cette voie sage et prudente, que notre Maître a réussi à répandre nos croyances. Qu'est-il besoin de ressusciter le mystère en l'habillant à la moderne ? Pourquoi vouloir répandre des doctrines aussi fantaisistes et aussi peu démontrées ?

Nous dirons en terminant que les *élèves* (?) de M. Roustaing auraient bien fait de donner l'exemple de la concorde et de la fraternité en ne publiant pas une brochure où sont contenues, contre le fondateur de la philosophie spirite, des attaques aussi injustes que violentes.

M. Roustaing avait bien compris lui-même qu'il était peu digne, pour une question d'amour-propre froissé, de publier un pamphlet. Il eût donc été du devoir de véritables spirites de laisser dormir dans l'oubli, ces théories mort-nées et de ne pas démontrer le besoin de les faire revivre. Cette polémique n'est plus de saison, elle avait peut-être sa raison d'être il y a quinze ans, mais plus aujourd'hui, en 1883.

G. DELANNE.

UNE MENACE A L'HORIZON

Certaines gens accusent le Spiritisme de piétiner sur place, parce que ce dernier, poursuivant sa mission providentielle, conquiert l'empire des consciences, pied à pied, sans bruit, comme il convient en ce domaine. C'est dans le recueillement du for intérieur que s'élaborent les convictions. Pour l'esprit loyal qui veut et cherche la vérité, l'étrangeté des phénomènes est une question tout à fait secondaire : il y voit une simple confirmation des principes révélés par la nature sur l'indéfinie continuité de nos évolutions progressives. Bon nombre d'entre nous étaient spirites convaincus en l'absence de toute manifestation. A d'autres, il a suffi d'obtenir, par les mouvements typtologiques, une communication intelligente sur quelque sujet inconnu d'eux-mêmes et des assistants. On **est** spirite par tempérament, d'une façon plus ou moins latente ; on ne le **devient** guère ; car, les uns soupçonnent instinctivement l'existence de faits occultes dont ils n'ont jamais été témoins ; les autres, comblés de preuves irrécusables, demeurent dans leur incrédulité. Si je rappelle ces cas, bien connus de tous, c'est afin de prémunir nos frères contre un zèle, très louable en lui, mais dont l'excès nous porte à méconnaître les réels progrès du Spiritisme, et par conséquent, à taxer ce dernier d'insuffisance devant nos aspirations. Défions-nous de cette soif d'**extraordinaire** si difficile à étancher et qui nous rend indifférents, j'ai presque dit *ingrats*, envers les faits plus modestes, mais non moins concluants auxquels nous devons notre certitude actuelle.

Est-ce à dire que je n'apprécie point les magnifiques phénomènes d'apport, d'écriture directe, de matérialisation? A Dieu ne plaise! Je ne saurais trop admirer ceux que **j'ai vus** ; mais leur présente rareté me fait penser que si le moment d'une vaste éclosion se prépare, chez nous, par ce moyen ; si, comme je l'espère et le crois, nous traversons une phase nouvelle d'incubation spirite, nous devons en attendre patiemment le résultat ; chose d'autant plus aisée que l'occupation ne nous manque point. J'entends, il est vrai, quelques adeptes réclamer parfois **du nouveau**, comme s'il s'agissait d'un divertissement ou d'une mode ; on devine que ceux-là ne sont justement pas les plus sérieux. **Du nouveau !** Quoi, trente ans ne se sont pas encore écoulés depuis l'apparition de cette vaste et lumineuse philosophie ; à peine en concevons-nous l'incommensurable portée sur les destinées humaines, sur le développement ultérieur de la pensée; moins encore en avons-nous appliqué les préceptes à notre vie intime, pas plus qu'à nos rapports avec le monde, et déjà, nous croyons avoir parcouru le cycle de ses révélations et de ses influences; nous nous figurons avoir épuisé sa divine sève ; déjà, nous demandons à grands cris **du nouveau !** Et plusieurs de ceux qui trouvent le Spiritisme trop vieux, n'ont même pas connaissance de tous les livres du Maître, lesquels, à ce titre sont encore *nouveaux* pour eux ! Or, je parle surtout de gens *lettrés*, car, en général, les petits, les obscurs, les deshérités, plus altérés de consolations, moins emportés par le tourbillon des affaires et des plaisirs, se nourrissent, au contraire, de cette lecture ; et je n'oublierai jamais quelle foi vivante, joyeuse, agissante, quelles lumières soudaines, quelle haute résignation j'ai souvent trouvées parmi des groupes ouvriers où l'on avait dû se cotiser pour acheter les œuvres de Kardec dont, à chaque séance, on faisait une lecture accompagnée de commentaires d'une justesse, d'une profondeur souvent étonnantes.

Le Christianisme, encore debout aujourd'hui, date de vingt siècles et, cependant, son champ d'investigation est d'autant plus restreint, que le Dogme n'appelle et ne permet pas plus l'examen qu'il ne le supporte rationnellement, à moins qu'on ne le prenne au figuré ; dans ce cas, il cesse d'être Dogme pour devenir philosophie et philosophie intégrante du Spiritisme, qui se trouve, ainsi, réunir logiquement la somme totale des principes soumis à nos recherches. Ne serait-ce donc point par sa vastitude même que nous, ses adeptes d'hier, ayant encore tout à en apprendre et ne pouvant l'embrasser dans son ensemble, nous en laissons échapper mille faces diverses ? D'où je conclus que c'est **nous** qui, jusqu'à nouvel ordre, ne suffisons pas à la Doctrine. Quoi qu'il en soit, n'oublions point que, jour par jour, en quelque sorte, la science enregistre des lois dont le Spiritisme avait déjà posé les bases ; cette sanction positive est le plus éclatant témoignage de la haute origine de ce dernier.

Doit-on inférer de ces paroles que je préconise l'immobilisme et prépare les voies à l'infaillibilité ! Non ! tous ces chers amis, connus et inconnus, dont je reçois avec joie et gratitude les précieuses marques de sympathique approbation, seule, mais douce récompense des modestes travaux que j'offre à mes frères ; ceux-là, dis-je, savent que je protesterais au besoin, — comme je l'ai déjà fait — contre tout ce qui, de près ou de loin, attenterait à l'autonomie du libre-examen, et c'est au nom même de l'inviolabilité de la conscience que je dis en ce moment : Prenons garde ! — Grâce aux conseils d'Allan Kardec, nous avons le pied sur un terrain solide ; nous possédons, pour nos études, un critérium certain. Chacune de nos expériences personnelles vient à son tour confirmer les sages directions que le Maître nous laissa pour éclairer nos recherches. Nous le savons : les esprits peuvent nous tromper ; leur identité, toujours difficile à constater, l'est bien autrement encore, quand les manifestants se donnent comme ayant vécu des milliers d'années avant l'âge actuel. Donc, s'il s'agit d'examiner une doctrine venant, plus ou moins, démentir des faits **prouvés** à nos yeux, combien ne devons-nous pas y apporter de prudence, pour ne point gaspiller les courtes heures de notre existence terrestre !

Or, voici deux sectes qui se disputent la préséance auprès de nous :

La première, le Théosophisme, est facile à convaincre d'incompatibilité avec nos intimes convictions. L'accueil qu'il reçut des vrais spirites dans les assemblées des 6 et 21 mars dernier, dénote l'impossibilité de le greffer sur le Spiritisme. Quand des données fondamentales sont en opposition complète entre elles, il peut, il doit y avoir tolérance mutuelle entre croyances respectives ;

mais la vérité *prouvée*, fût-ce dans le moindre de ses domaines, est ennemie des *concessions*. Les questions de personnes peuvent plier, le principe *démontré* demeure inflexible devant un autre principe que rien n'affirme.

De ce côté, donc, la défense est relativement aisée. Pendant cinq ans, nous avons demandé au Théosophisme sa base *rationnelle*; il n'a pu nous la fournir. La situation, on le voit, est parfaitement nette.

Mais, à peine les fulgurations de cet orage s'éteignent-elles au lointain, que les militants de la cause spirite se trouvent en face d'une tentative dont leur devoir est de signaler ici le caractère spécial; car, il ne s'agit de rien moins que de placer parallèlement, au frontispice du Spiritisme, l'œuvre libératrice d'Allan Kardec et celle par laquelle J.-B. Roustaing tend à ressusciter l'empire des écrivains apostoliques; c'est-à-dire, et quoi qu'on en dise, deux croyances *antagonistes*.

On connait la récente réapparition, après un long oubli, des livres médianimiques de M. J.-B. Roustaing, lesquels, en vertu d'une clause de son testament, ont sollicité notre attention par des moyens qui, malheureusement, frisent de très près le scandale. Je n'ai pas à raconter cette provocation que, du reste, M. Michel Rosen a qualifiée avec justesse et dont, nous l'espérons bien, les spirites feront bonne exécution. Mon devoir se borne à des observations sommaires sur l'origine de ces ouvrages et sur les conséquences inéluctables des théories qu'ils élucident.

Nous voici en présence de dictées médianimiques signées de Moïse et des Apôtres. Le lecteur est tenu d'en croire M. Roustaing sur parole. Quelque juste confiance qu'on puisse lui accorder, la chose est un peu **roide**. Par le temps de mystifications qui court, il est permis de se demander *sur quoi* M. Roustaing établit la certitude de toutes ces célèbres identités ?... Il semble qu'avant d'écrire, en tête d'un livre, des noms de cette importance, on doive au moins prouver *irréfragablement* qu'ils ne sont point apocryphes ; or, par plusieurs raisons, je ne vois guère comment M. Roustaing y parviendrait.

Chacun sait que l'authenticité des livres canoniques est absolument niée par les exégètes les plus autorisés. Non seulement les récits du Nouveau Testament n'émanent pas des Apôtres qui suivirent Jésus dans l'accomplissement de sa mission ; mais comme, bien des années après sa mort, il s'était produit une multitude d'Evangiles (1) fort peu d'accord entre eux, les premiers chrétiens firent choix des quatre les moins discordants pour en constituer un corps de doctrine concurremment avec les « Actes », les « Epitres » des Apôtres et « l'Apocalypse ». Or, ceux qui ont longuement lu, étudié, comparé ces textes, savent à quel point ils se contredisent encore.

Il y a mieux : le Christianisme officiel est bien plus l'œuvre de saint Paul que celle du Christ ; car, sur plusieurs points, le Maître et le Disciple différaient de vues ; tellement qu'on ne pouvait guère adopter l'opinion de l'un sans se mettre en opposition avec l'autre. Entre Pierre et Paul, la divergence des principes était à l'état aigu ; cela bien après l'effusion du Saint-Esprit. Il est vrai que Paul n'y avait point participé. Mais, alors,

---

(1) On en porte le nombre à plusieurs centaines.

comment devint-il prépondérant au point de pouvoir écrire dans son Epitre aux Galates : (Chap. II verset 11)... « Mais, quand Pierre fut venu à Antioche, je lui résistai « en face, parce qu'il méritait d'être repris. »

Voilà pour l'inspiration infaillible du chef de l'Eglise romaine ; le premier des Apôtres. Pourquoi l'inspiration *divine* de saint Paul se trouva-t-elle en conflit avec la *divine* inspiration de saint Pierre ? Il y a là matière à réflexions si, toutefois, comme ils cherchèrent à l'établir, ils étaient également dépositaires de la vérité absolue.

On ne le niera point ; la constatation de ces querelles entre gens illuminés d'En-Haut, et dont les enseignements devaient faire *loi* sans appel, n'est pas faite pour favoriser un retour vers les autorités soi-disant impeccables qui, dans ces temps-là, comme aujourd'hui, se disaient animées par l'*Esprit de Vérité*. Va-t-on, sous prétexte de Spiritisme, tenter de rétablir le prestige disparu de ces antiques noms et de nous ramener (en supposant que nous nous laissions faire), sous la servitude apostolique ? En sommes-nous sortis à si grand'peine pour y rentrer par la même porte, avant d'avoir seulement pu la retirer sur nous ? Devrons-nous voir revivre ces fastidieuses dissertations théologiques sur des sujets subtils, à peine perçus à travers la triple obscurité des siècles écoulés, des incertitudes qui les enveloppent et des interprétations inconciliables des traducteurs ? Dissertations dont le résultat direct est de vous laisser harassé, anxieux, désespéré, sinon complètement démoralisé...

Et d'abord, lisons le titre de l'œuvre de Roustaing : « *Le Spiritisme chrétien ou la Révélation de la Révé-*

« *lation. Les quatre Evangiles, suivis des commande-* « *ments, expliqués, en esprit et en vérité par les* « *Evangélistes, les Apôtres et Moïse*, recueillis et mis en « ordre par J.-B. Roustaing. »

Il est explicite ; on ne le taxera pas d'ambiguïté. Le Spiritisme **chrétien**, c'est-à-dire le Spiritisme alambiqué, contracté, surtout *évolutionné* vers la résurrection du Christianisme quelque peu modernisé.

Ah ! s'il était question de considérer ce dernier comme une phase déjà traversée par les peuples occidentaux et qui recélait en germe certaines vérités aujourd'hui reconnues, dont l'éclosion vient s'ajouter à des notions plus hautes, pour imprimer à l'humanité un nouvel élan dans la voie du progrès, ce serait différent. Mais point ; il s'agit bel et bien de *christianiser* le Spiritisme en y apposant douze à quatorze noms, jugés irrécusables. Malheureusement, dans ce domaine, il faut conclure ; et les Évangélistes, même assistés des Apôtres et de l'Esprit de Vérité, ce qui est pourtant un aréopage imposant, n'ont pu tellement harmoniser leurs vues avec celles de *nos* Esprits, qu'il ne s'en suivit un disparate ineffaçable. Nous voilà de nouveau placés entre la libre-pensée spirite et le Dogme : lequel accepter ?

Tandis que le Maître nous dit : « **Contrôlez toutes les communications** qui vous sont données ; ne vous fiez pas aux grands noms dont on les signe ; n'abdiquez jamais votre jugement, » voici un homme qui, dépourvu de toute sanction autre que la sienne, se pose à ses propres yeux en initiateur prédestiné pour ?.... river de nouveau nos consciences au boulet de la foi aveugle, suffisamment poli et redoré ! Et cela parce que M. J.-B.

Roustaing, poussé tyranniquement (1) par des esprits *signant* saint Pierre, saint Paul, Moïse, etc., reçut des communications auxquelles lui seul prêtait une portée sérieuse !

De bonne foi, qui donc n'en ferait autant, pour peu que son orgueil y donnât les mains ? Quel médium n'a pas, dans ses archives spirites, mille faits du même genre ? Que d'énormes volumes, dictés par saints *tels* ou *tels*, auxquels l'argent seul a manqué pour venir augmenter le nombre des mystifications imprimées ? Sera-ce parce que M. J.-B. Roustaing affecte par testament plus de 40,000 francs à la propagation de ces théories, qu'elles devront être acceptées comme authentiques ? Les *belles choses* contenues dans certaines pages ne suffisent point à les diviniser, comme on voudrait bien le persuader. — Si, du moins, ces *révélations* si prônées offraient un ensemble harmonique, rationnel et concordant avec d'autres *vérités prouvées*, sanctionnées par de longues et nombreuses expériences ! Mais ce critérium élémentaire fait lui-même défaut à l'œuvre de M. Roustaing. Or, toutes ces assertions apocryphes s'entrechoquant, se battant mutuellement en brèche, comment en accepter l'autorité ? Ce serait le retour du chaos. Ce qui fait la force du Spiritisme, c'est justement cette consécration solennelle du temps et de l'étude ; et s'il rayonne toujours plus haut et plus loin dans le monde entier, c'est que les simples jalons plantés comme points de repère, sous la direction méthodique d'Allan Kardec, sont tellement exacts dans leurs

(1) Des personnes bien informées assurent que M. J.-B. Roustaing fit ce travail sous l'influence d'une forte obsession.

tracés, tellement solides en leurs assises, que **rien** encore n'est venu les ébranler, et qu'ils demeurent sur la voie de l'Infini comme des indices fidèles offerts à l'humanité, pour guider sa marche incertaine dans le domaine de l'investigation.

Toutes nos **expériences**, toutes les lumières issues de nos recherches, convergent vers le point culminant de la philosophie spirite. A mesure que s'éclaire mieux à nos regards cette magnifique synthèse, nous apprécions davantage la haute sagesse et la science des Esprits, quels qu'ils soient, qui présidèrent à l'œuvre d'Allan Kardec ; œuvre à ce point régénératrice de la pensée et du cœur, qu'il lui suffirait d'être **vécue** pour opérer la plus complète, la plus élevée des transformations sociales.

Avant de revendiquer avec un tel aplomb sa place dans ce mouvement grandiose, l'ouvrage de M. J.-B. Roustaing a-t-il conquis une notoriété quelconque?... Tous les spirites sincères sont là pour répondre à cette question. D'où vient que cette impulsion *providentielle* (?), presque aussi ancienne que les livres du *Maître* (1), en est restée à son point de départ ? Qui donc la connaît dans le monde ? Comment se fait-il que, de toutes parts, on affirme avoir fait *acte de courage* en s'imposant l'indigeste lecture de cette infaillible *Révélation* ? Pour résoudre ce problème, il suffit de l'incroyable stratagème récemment imaginé dans le but de la ressusciter devant le public.

Qu'est-ce à dire? N'est-il pas aujourd'hui *prouvé*, que

---

(1) Il est bien entendu que je prends ce terme dans le sens indiqué plus loin, par une note de M. Rosen (p. 58).

M. J.-B. Roustaing disposait, pour sa propagande, de ressources qui, dans l'origine, manquèrent au Maître? L'empressement du public à se procurer les livres spirites vint, il est vrai, grandement en aide à ce dernier; et, ce n'est pas la moindre des nombreuses preuves démontrant une parfaite concordance entre la doctrine des Esprits, au sens d'Allan Kardec, et les besoins de notre époque; mais, encore une fois, pourquoi M. J.-B. Roustaing, missionnaire de l'*Esprit de vérité*, de Moïse, de Paul, de Pierre, etc., ne jouit-il pas de la même popularité? Toutefois, ce n'est pas là ce qui m'occupe le plus aujourd'hui. Je désire, avant tout, éveiller l'attention, ou mieux, la vigilance des spirites sur une tendance dès longtemps existante qui semble, maintenant, revêtir une forme, suivre une tactique plus ou moins habile et nous imposer la défensive, comme le premier des devoirs, car il s'agit de la plus inviolable des libertés : celle de la conscience.

En voyant le Spiritisme sortir intact de toutes les embûches, et bien vivant de tous les mausolées que lui élèvent si généreusement ses ennemis; en lisant, un peu partout, que les manifestations spirites deviennent incontestables aux yeux de gens dont l'humanité vénère le génie, les clergés des deux principales confessions chrétiennes se sont émus. En Amérique, en Angleterre, des synodes protestants avisent. Devant les innombrables faits, bien et dûment contrôlés, qui se produisent chaque jour, en présence des notabilités les plus respectées, il devient enfantin de maintenir l'accusation portée, d'abord, contre le diable, d'intervenir dans le monde concret sous l'apparence de nos morts les plus chéris.

Il faut donc, de toute nécessité, trouver un *joint* pour

enrayer ce vaste mouvement qui gagne, de proche en proche, comme une traînée de poudre ; car protestants et catholiques se détachent de leurs Eglises respectives et vont grossir encore l'immense phalange des libres penseurs spirites.

Que faire ?....

C'est bien simple ! Saisir la première occasion favorable pour enrôler tous les adeptes les moins affermis dans une croyance hybride, à la fois chrétienne et spirite ; ni trop chair ni trop poisson, pour ne pas effaroucher les consciences timorées, et que, faute de mieux, vu les difficultés de la circonstance, les clergés auront l'air de tolérer, voire même d'admettre, jusqu'à ce que, peu à peu, grâce aux procédés dont ils sont coutumiers, l'omnipotence épiscopale ait reconquis ses prérogatives à l'ombre de la doctrine progressiste qu'il s'agit de placer sous le traditionnel éteignoir. Ainsi, s'opérera la *fusion*, lisez : *l'engloutissement* du Spiritisme.

Ces questions se débattaient fort sérieusement, entre gens qualifiés pour le faire ; seulement, la réalisation de ce plan ingénieux rencontrait une difficulté capitale, car elle exigeait absolument un certain regain de foi aux révélations des Apôtres, et la philosophie d'Allan Kardec ne favorise guère ce retour vers des traditions contestées.

Les choses en sont là ; certains membres adroits du Clergé catholique entrent même dans la voie des transactions, en ne condamnant que pour mémoire les pratiques spirites avouées par leurs pénitents. On évite ainsi judicieusement un grand nombre de désertions ostensibles. Spirites hésitants et directeurs habiles se passent mutuellement la casse et le séné, par *un accommo-*

dement dont Tartufe n'a pas gardé le monopole. Cependant, on sent de part et d'autre que ce moyen terme est un innocent palliatif, un *modus vivendi* temporaire. Mais, de bonne foi, comment supposer que les clergés prendront l'initiative d'un *credo* semi-spirite !

Cette fois, Mahomet ne pouvant aller à la montagne, la montagne viendra vers lui. C'est précisément ce qu'elle est en train de faire. L'œuvre de J.-B. Roustaing arrive *ad hoc* pour les besoins de la cause. Voici les noms autrefois les plus accrédités de la Bible qui, pour ressaisir leur influence quelque peu compromise, se présentent à l'état d'esprits ; **modifient** le Dogme **immuable**, l'assouplissent, l'assaisonnent au goût du jour. Ils travestissent Jésus en agénère, révèlent la révélation, se posent, plus que jamais, comme divinement inspirés, tout en disant le contraire de ce qu'ils enseignèrent autrefois, toujours sous l'influx de l'Esprit-Saint et..... le tour est fait ! Ce n'était pas plus difficile que cela. Voilà de nouveau les prêtres d'accord, selon leur habitude, avec la Suprême Sagesse !

Comment les *esprits*, si esprits il y a, n'y avaient-ils pas songé plus tôt? Au fait, on voit qu'ils s'y étaient pris à temps.

M. Roustaing se prêta-t-il *sciemment* à cet escamotage de principes?... Eut-il pleinement connaissance du caractère de cette œuvre ? C'est affaire à lui.

Si, comme tout le fait présumer, il y eut dans ces dictées, un plan hostile au Spiritisme alors naissant (1), on peut admettre qu'il émana des esprits auteurs de ce

(1) Dans sa période actuelle, puisque nous savons que les manifestations spirites ont eu lieu dans tous les temps et chez tous les peuples.

travail. On s'étonne seulement que la haute intelligence attribuée à M. Roustaing n'ait pas même soupçonné le piège. Mais un instant de réflexion met fin à cette surprise, car il ne fallait pas, non plus, beaucoup de perspicacité pour entrevoir que le meilleur moyen de préparer un second échec à son livre, était d'opérer sa réapparition en jetant au visage des spirites une brochure diffamatoire contre Celui qu'ils aiment et vénèrent, pour leur avoir ouvert le sanctuaire de la vérité, et n'eut d'autre tort, envers M. Roustaing, que de ne point admettre, dans **sa Revue**, l'apologie d'une *révélation* dont la source et les conclusions pouvaient, à bon droit, lui paraître suspectes. Allan Kardec avait, avant tout, sa mission à remplir. Quand il luttait, déjà, contre tant d'obstacles divers, remettre lui-même en question ses propres *certitudes*, en produisant dans *son* journal une œuvre contradictoire à la sienne (1) et dont l'autorité ne s'imposait par aucune investigation sérieuse, eût été d'un sot ou d'un fou. — N'y a-t-il donc pas une aberration notoire à se tenir pour offensé de ce qu'un novateur refuse de laisser battre en brèche son œuvre *à ses frais* et près de ses propres adeptes ? Procédé que ses adversaires trouveraient certainement très commode, fort économique et, surtout, naïf !...

En somme, c'est, pour ce qui regarde Allan Kardec, à quoi se réduit ce débat qui, momentanément, soulève tant de poussière dans le monde spirite. Cela suffirait, à mes yeux, pour infirmer la portée morale de tout ce qui

---

(1) Bien que J.-B. Roustaing soit spirite à sa manière, j'appelle contradictoires aux nôtres, des vues qui nous ramènent vers *l'arbitraire* divin dont nous avait délivrés le Spiritisme.

peut surgir de tels éléments. Mais il y a plus : avec l'immense majorité des spirites, je me défie des œuvres de J.-B. Roustaing, comme foncièrement entachées de dogmatisme apostolique et produites sous les tristes auspices d'une vengeance d'outre-tombe, que rien au monde ne saurait justifier ni même excuser.

Sophie Rosen (Dufaure).

Paris, 34, rue Nollet.

OBSERVATION

Certains journaux, où se débat la question Roustaing, affectent insidieusement de confondre les éléments dont se compose l'incident, et que nous devons, au contraire, distinguer avec soin.

Il y a là, deux ordres de faits absolument indépendants l'un de l'autre : 1° **Les vues doctrinales** des « *Quatre Évangiles expliqués en esprit et en vérité* » ; 2° **L'apparition d'une brochure diffamatoire contre Allan Kardec.**

Relativement au premier point, les spirites usant de leur incontestable droit à discuter l'œuvre de J.-B. Roustaing, reconnaissent pleinement celui de l'auteur à la produire. Depuis dix-huit ans que ce livre existe, il n'avait jamais été l'objet d'une réelle polémique. On l'avait lu, puis, en général, mis de côté, en rendant justice aux bonnes intentions du compilateur. Aujourd'hui, cet ouvrage, par un retour de mauvais aloi, surgit de nouveau devant la critique ; cette dernière le scrute et le juge plus sévèrement, peut-être, qu'autrefois, parce que la brochure calomnieuse attribuée à J.-B. Roustaing, diminue singulièrement ce dernier aux yeux des spirites sincères.

Nous n'en avons pas à cet auteur pour son œuvre médianimique ; nous la combattons loyalement, avec fermeté, parce que nous la croyons erronée et même dangereuse ; mais elle ne nous passionne pas.

Quant au second point (l'apparition de la brochure), s'il a produit une explosion de généreuse indignation autour d'un nom qu'on dit respectable, c'est qu'on a fait de ce nom le signal d'une agression *personnelle* et *posthume* contre Celui dont la parole autorisée ne peut plus, hélas ! se faire entendre.

Ce pamphlet, *adressé directement à nous tous*, vient, plus de quatorze ans après la mort d'Allan Kardec, et sur le cercueil à peine fermé de sa compagne, viser l'honorabilité du Maître, l'authenticité de sa méthode, la valeur de ses travaux ; et, joignant l'hypocrisie à l'injure, protester mielleusement d'estime et d'admiration pour l'homme que ce misérable écrit ne cesse de persifler !

On nous dit, il est vrai, de laisser faire ; Allan Kardec, assure-t-on, n'a pas besoin d'être défendu (1). Soit : mais nous avons besoin, nous, de ne le point *trahir*. Nous le croyons, en effet, assez grand pour noyer dans son ombre tous les pygmées qui jappent sur ses talons. Cependant, nous ne reconnaissons à personne le droit de nous imposer silence, quand on essaye de ternir sa mémoire vénérée. A ses veilles, à ses combats, nous devons nos lumières les plus vives, nos espérances les plus hautes, un critérium souverain pour apprécier les éléments du progrès futur. Le moins que puisse notre gratitude est d'offrir, aux vérités qu'il nous révèle, le rempart de nos consciences.

Cette brochure est une *mauvaise* action à laquelle on ne doit ni *tolérance* ni *charité*. Ne pas la mettre à l'index serait s'en rendre complice, quoi qu'en disent

(1) *Revue spirite de Septembre 1883*, page 402.

certaines gens qui réservent toutes leurs sympathies pour les persécuteurs contre les persécutés, et pardonnent avec une mansuétude infinie les offenses..... faites aux autres.

Voilà pourquoi nous stigmatisons cette diffamation dirigée contre une tombe, et l'absolution dont la couvrent ceux-là mêmes qui devaient la signaler et la flétrir.

C'est à ce juste sentiment qu'obéit, aujourd'hui, comme nous tous, M. Mendy, dont on va lire l'énergique protestation. Encore en avons-nous, de son aveu, retranché divers passages où ses nobles sentiments revêtaient une forme un peu trop vive.

Sophie Rosen (Dufaure).

A M. J. GUÉRIN

Né, comme vous, sur les bords fleuris de la Garonne, en cette qualité, permettez-moi de vous dire que vous me paraissez prêter les mains à une inqualifiable comédie, dont les principaux acteurs et comparses sont ceux-là mêmes qui devraient vous faire complètement défaut.

J'ai eu l'honneur, moi aussi, de connaître M. Roustaing, homme distingué, en effet, très bienveillant, entièrement dévoué à tout ce qui intéressait notre pauvre humanité... (1) Je prétends que si j'avais voulu répondre à ses avances réitérées, j'aurais pu obtenir sa confiance dans les limites les plus larges, puisque, jusqu'à sa désincarnation, il y a eu entre nous échange des meilleurs sentiments, directs et indirects. — Bien des spirites le savent.

(2) . . . .

. . . .

En présence de certains agissements, justement qua-

---

(1) Cette affirmation corrobore divers témoignages favorables à M. Roustaing et nous autorise à douter qu'il ait terminé sa carrière par un écrit diffamatoire envers Allan Kardec : l'origine et le but de la brochure n'en sont que plus mystérieux.

SOPHIE ROSEN (DUFAURE).

(2) Ici, nous omettons un passage où se trouvent de très graves révélations, sur lesquelles nous attendons des renseignements précis, que nous ferons connaître en temps et lieu ; car les spirites doivent apprendre à placer judicieusement leur confiance en ce qui regarde la Doctrine.

SOPHIE ROSEN (DUFAURE).

lifiés par nos sœurs en croyance, Mmes Cochet et Fropo, — nos sœurs sont bien plus courageuses que nous, — on a dû, enfin, démasquer ses batteries...

Nous n'en sommes plus, aujourd'hui, à ce que je vois par votre réponse au dernier article de Mme Fropo, aux escarmouches qui précèdent une grande bataille... L'action est bien engagée.

Eh bien ! Monsieur Guérin, malgré le peu d'indépendance de ma position, je serai au plus fort du feu, étroitement uni à mes sœurs qui ont été les premières à relever votre audacieux défi.

Visage découvert, pour fouiller sous le masque jésuitique de certains personnages qui prennent place dans vos rangs ; hommes de paille qui osent écrire dans leur prétendue presse spirite (1), sous le couvert des principes de *charité*, d'*amour*, des réflexions *ineptes*, affichant aujourd'hui une admiration mensongère pour ce qu'ils répudiaient la veille ! — Au plus fort enchérisseur, telle devient leur devise !!...

Eh bien ! les spirites sincères, loyaux, ne se payent pas de pareille monnaie...

Monsieur, vous et bien des vôtres, soutenez certaines théories, qu'une foi sincère, je le crois, et votre raison approuvent ; certes, c'est votre droit. Je n'ai point le temps, en ce moment, de discuter l'œuvre de M. Roustaing ; je tiens simplement à faire ressortir le... procédé assez maladroit, permettez-moi de vous le dire, dont vous vous êtes servi pour ressusciter une œuvre, qui pourrait avoir gain de cause plus tard, par la sanction des faits, c'est possible, mais qui, actuellement, donne forcément prise à des réflexions peu flatteuses et pour vous et pour les vôtres.

Vous avez cru devoir, par application, sans doute, du proverbe latin que vous citez, venir vous abriter sous l'égide de la *Société anonyme pour la continuation des œuvres spirites d'***Allan Kardec**, qui comptait pourtant, toujours selon vos dires, de si rares partisans; mais lorsque, comme vous venez de nous l'apprendre, dans votre réponse à l'article de Mme Fropo, on possède un parterre émaillé d'aussi belles fleurs de rhétorique, entre autres celle-ci, que je détache : « Ils reconnurent « l'un et l'autre que la trajectoire lumineuse tracée par « cette étoile de première grandeur pour relier la terre « au ciel, était un composé d'*Amour*, de *Science* et de « *Vertus.* Ne résistons pas à cette bienfaisante attrac- « tion. Soyons *Un*, comme Jésus nous l'a enseigné... » ... lorsqu'à un pareil bagage littéraire vous joignez une haute autorité, soutenue par des milliers d'adeptes et par votre fortune, vous possédez toutes les qualités requises pour continuer votre Ecole sans notre concours !!! C'était nous qui devions aller nous fondre en vous !!... N'est-ce pas logique ? Vous avez imprimé à la Société Anonyme une tache indélébile, l'*Histoire du Spiritisme l'enregistrera, quoi qu'il arrive*. . . . .

. . . .

La publication du libelle *non signé* intitulé : « *Les Quatre Evangiles de J.-B. Roustaing, — Réponse à ses critiques et à ses adversaires, — édité par les élèves de J.-B. Roustaing* », est une *déloyauté !*

... Lesquels élèves ?... Leurs noms ?... Que n'ont-ils le courage de leur acte ?... Comment, Monsieur, n'avez-vous point su flétrir un pareil anonymat ?... Mais, en raison de ce que je vous expose, l'honneur de votre cause vous y obligeait !

D'aucuns affirment même que la dite brochure est antidatée !!...

Oui, *déloyauté* cette publication cherchant à souiller la mémoire d'un honnête homme, de Celui que vous ne parviendrez *jamais* à faire descendre du piédestal que lui constituent ses travaux !

... Je terminerai en m'accordant le droit de prendre, à mon tour, dans votre riche écrin, une toute petite citation, mais dont je trouve plus convenable de donner la traduction, pour me mettre à la portée de tous mes frères en croyance :

« La fortune favorise les audacieux. »

MENDY,
Capitaine en retraite, Nantes.

ALLAN KARDEC ET ROUSTAING

(2me ARTICLE)

M. Leymarie ayant corrigé le premier article, le trouvant trop violent pour les lecteurs de la *Revue*, je l'ai donné plus haut tel qu'il a été écrit ; les spirites en jugeront (1).

Cet article avait été conçu sous l'impression d'une indignation bien justifiée. M. Guérin doit en convenir ; il attend la mort de Mme Kardec pour faire paraître cette brochure deux ou trois ans après la mort de M. Roustaing. Comme spirite et comme exécuteur testamentaire, il aurait dû la faire connaître tout de suite. Mme Kardec aurait pu défendre son mari et la Doctrine, faire appel, pour éclairer le débat, à tous les spirites sincères qui avaient connu et aimé M. Kardec. Je n'ai pas qualité pour le faire, malgré les nombreux amis que M. Guérin veut bien m'octroyer.

Maintenant, s'il y a tant de similitude, d'analogie et de concordance générale entre l'œuvre d'Allan Kardec et celle de Roustaing, à quoi bon faire une école ? C'est

---

(1) Je prends sur moi, Mme Fropo me le pardonnera, de citer ce passage tel qu'il a été donné par la *Revue de Septembre 1883*. On verra comment, pour les besoins de sa cause, l'administration de ce journal se permet de dénaturer les écrits de ses collaborateurs :

MICHEL ROSEN.

« M. P. G. Leymarie ayant rectifié mon premier article, qui, je « l'avoue, était violent, je le prierai de ne rien changer à celui-ci ; « j'espère rester modérée. »

établir un antagonisme inutile pour la propagation du Spiritisme.

Oui ! j'ai lu l'ouvrage de Roustaing *il y a 15 ans*. Le souvenir n'en est pas agréable et, malgré l'appel fait à ma conscience, je ne me sens pas le courage de le relire.

Ce que j'ai cité, sont des notes prises dans ce qu'il contenait de plus clair (!) et de plus justifié ; en voici encore un fragment (page 281) :

(*Textuel*) « Tous vous êtes appelés à croire *au Père*, « Dieu, un, seul et indivisible ; *au Fils* Jésus, votre « Messie, esprit protecteur et gouverneur de votre pla- « nète, seul chargé de son développement et du pro- « grès, du développement et du progrès de votre hu- « manité et de la conduire à la perfection. Au *Saint-* « *Esprit*, les Esprits du Seigneur qui travaillent, ou « concourent, sous la direction du Maître, à ce dévelop- « pement et à ce progrès. » Voilà bien le mystère de la Sainte-Trinité, seulement présenté de façon à satisfaire tout le monde, les catholiques et les spirites. Si le Christ n'a pris qu'un corps fluidique, le dogme de l'Immaculée Conception est carrément établi ; grossesse apparente opérée par l'Esprit, accouchement fluidique. A quoi bon établir toutes ces hypothèses ! Etudiez la doctrine de ce médium de Dieu, comme l'appelle admirablement M. Bellemare, appliquez-vous-la, devenez meilleurs, ne cherchez pas votre justification en dénigrant les autres ; que vous importe si vous êtes mal jugé. *La vérité est éternelle, elle éclatera lumineuse à son heure.*

Or, si M. Roustaing n'était ni un naïf, ni un abuseur, de l'avis de ceux qui l'ont connu et qui lui rendent justice comme homme de bien, il était obsédé ; son médium (1) ne voulant pas accepter les idées touchant l'incarnation du Christ le lui disait souvent, en se refusant à écrire : ce n'est que contraint et forcé qu'il a donné les communications qui font le texte de l'ouvrage.

Vous citez Allan Kardec, page 4, paragraphe 4 de l'*Imitation de l'Évangile selon le Spiritisme*, pourquoi n'avoir pas cité le n° 6 de la page 5 ?

« La loi de l'Ancien Testament est personnifiée dans « Moïse ; celle du Nouveau Testament l'est dans le Christ. « Le Spiritisme est la troisième révélation de la loi de « Dieu, mais *il n'est personnifié dans aucun individu*, « parce qu'il est le produit de l'enseignement donné, « non par un homme, mais par les Esprits, *qui sont « les voix du Ciel*, sur tous les points de la terre et « par une multitude innombrable d'intermédiaires ; « c'est en quelque sorte *un être collectif* comprenant « l'ensemble des êtres du monde spirituel, venant cha- « cun apporter aux hommes le tribut de leurs lumières « pour leur faire connaître ce monde et le sort qui les « attend. »

Puis vous citez aussi du *Livre des Médiums* (page 35) :

« Nous ne préconisons, nous ne critiquons aucun « ouvrage, ne voulant influer en rien sur l'opinion « qu'on peut s'en former ; apportant notre pierre à « l'édifice, nous nous mettons sur les rangs.

« Il ne nous appartient pas d'être juge et partie, et « nous n'avons pas la ridicule prétention d'être seuls « dispensateurs de la lumière, c'est au lecteur à faire la « part du bon et du mauvais, du vrai et du faux. »

---

(1) Voici ce passage d'après la *Revue* :
« Son médium le lui disait souvent, en se refusant à écrire, et ce « n'est que contraint... », etc.

Voilà deux citations qui font tomber la *prépotance* et *l'infaillibilité* que M. Roustaing attribue à Allan Kardec, et nous donnent, *à nous*, le droit de faire la part du bon et du mauvais, du vrai et du faux ; car tout ce que M. Roustaing avance sur la personnalité de Jésus n'est pas prouvé.

Pourquoi Jésus n'aurait-il pas pris un corps matériel ? Le corps humain est la plus merveilleuse création de Dieu. La science cherche avec une minutieuse patience à en expliquer les délicats rouages, et ne peut parvenir, malgré ses investigations, à en démontrer tous les phénomènes.

Les recherches scientifiques ont établi que la matière est une (fluide cosmique); que toutes les manifestations de la nature n'en sont que des transformations. Or, le corps humain a été créé au même titre que la rose et le lis de nos champs ! Pourquoi en faites-vous un bourbier ? S'il est de boue, c'est que l'esprit qui l'habite est encore empreint de toutes les passions bestiales et en a imprégné son corps.

Jésus, envoyé sur la terre par Dieu pour y accomplir la loi, devait le premier s'y soumettre et accepter l'incarnation telle que nous la subissons nous-mêmes ; y déroger, c'était enfreindre la loi de Dieu établie sur notre planète.

En quoi voyez-vous « une rétrogradation manifeste, « que de faire réincarner un Esprit glorieux, un envoyé « primaire (?) dans le bourbier de notre corporéïté hu- « maine? »

Lorsqu'un roi d'un grand royaume envoie un ambassadeur dans une misérable peuplade de sauvages, pour y porter des paroles de paix et d'amour, pour leur enseigner les moyens de rendre leurs terres plus fécondes, leur donner des lois de justice et de solidarité, leur apprendre que, par le travail et le progrès, ils arriveront à être les sujets bien aimés du roi ; l'ambassadeur est obligé d'accepter les usages, les vêtements, la misérable hutte, l'ignoble nourriture, la femme sauvage même ! afin qu'il soit considéré comme un ami, comme faisant partie de la peuplade. En quoi, sa mission remplie, a-t-il dérogé moralement ? Au contraire, il s'est élevé, il retourne plus grand, plus glorieux, après avoir supporté courageusement toutes les misères attachées à sa mission. De même, les souffrances que le Christ a endurées, doivent nous enseigner la soumission à supporter les nôtres, nous qui rachetons, et cependant, il les redoutait. Si elles avaient été mensongères, aurait-il dit : « Mon Père, s'il est possible, faites « que ce calice s'éloigne de moi ; néanmoins, qu'il en « soit, non comme je le veux, mais comme vous le « voulez ? »

Et sur la neuvième heure, Jésus jeta un grand cri en disant : « *Eli, Eli, lamma sabachthani*, c'est-à-dire : « Mon Dieu ! mon Dieu ! pourquoi m'avez-vous aban- « donné ! »

O Jésus ! pardonnez-moi d'oser élever la voix pour vous défendre ! mes frères en croyance m'y obligent. Vous êtes si grand dans vos souffrances, si sublime dans votre mort, si beau pour ceux qui savent vous aimer et vous comprendre, que porter atteinte à votre splendide mission est un blasphème.

Je ne veux pas abuser de la bienveillance des lecteurs, je finis en citant l'apôtre saint Jean, un des esprits qui ont dicté la *Révélation de la Révélation.*

ÉVANGILE DE LA MESSE

« *Et le verbe a été fait chair* et il a habité parmi « nous; et nous avons vu sa gloire, sa gloire telle que « le Fils unique devait la recevoir du Père. Il a, dis-je, « habité parmi nous, plein de grâce et de vérité. »

(*Saint-Jean*, chap. Ier, vers. 1 à 14.)

« Mes bien-aimés, ne croyez pas à tout esprit, mais « éprouvez si les esprits sont de Dieu, car il est venu « beaucoup de faux prophètes dans le monde. Voici à « quoi vous reconnaîtrez qu'un esprit est de Dieu. *Tout « Esprit qui confesse que Jésus-Christ est venu avec « une chair véritable est de Dieu*; et tout esprit qui « divise Jésus-Christ n'est point de Dieu, et c'est là « l'Antéchrist dont vous avez ouï dire qu'il doit venir, « et il est déjà dans le monde ».

(4me épitre de *saint Jean.*)

Je n'ai pas l'intention de traiter le guide de M. Roustaing d'Antéchrist, mais saint Jean avait l'intuition, en écrivant cette épître, que cette question serait une cause de luttes et de déchirements parmi les chrétiens. Ne faisons pas comme eux, restons unis, imitons en cela M. Kardec, qui écartait de lui les orgueilleux et les spéculateurs, c'est vrai, mais qui n'a jamais éloigné les gens de bonne foi. C'est pour ceux-là qu'il a travaillé avec une persévérance digne de la haute mission qu'il avait à remplir; respectons-le, et que notre respect égale la grandeur de son esprit et de son cœur.

B. Fropo.

AVIS

M. Leymarie a refusé pour la *Revue* l'article suivant, destiné à la défense d'Allan Kardec.

Pendant ce temps-là on donne carte blanche à nos adversaires; aussi se sentent-ils tellement chez eux dans l'organe qui devrait être le nôtre, qu'ils en sont venus à qualifier « d'asile donné à Mme Fropo » (*Revue d'Août 1885*, p. 375), la publicité à laquelle ses écrits ont un droit incontestable.

Voilà où l'on en est !

C'est, avouons-le, une singulière façon de défendre le Spiritisme, et toute spéciale à la *Revue*. Je ne pense pas qu'elle soit jamais entrée dans les vues de Mme Kardec.

Par sa manière d'agir, M. Leymarie espérait étouffer ma protestation indignée; mais si notre drapeau chancelle entre certaines mains, il s'en trouve d'autres qui le relèvent... La vérité ne peut périr !

C'est donc par l'intermédiaire de l'Union Spirite Française, que ma voix pourra se mêler à la clameur générale, soulevée par la vengeance posthume de M. Roustaing.

Voici ma réfutation, primitivement destinée à la *Revue*, sous le titre : *Encore la brochure Roustaing*, et que j'ai rendue plus énergique depuis le refus de M. Leymarie.

MICHEL ROSEN.

CRI D'ALARME

Note. — Cet article était composé avant la publication de la *Revue du mois d'Août.* « Pour l'acquit de sa « conscience, j'engage fortement « M. Guérin » à le lire « attentivement » (*Revue d'Août*, p. 377). Il y trouvera une réponse à ses objections.

Quelques sophistiquées que soient les interprétations qu'on essaye de donner à la manœuvre posthume de M. Roustaing, elle restera aux yeux de tous les hommes droits et impartiaux, comme un stigmate imprimé sur sa mémoire.

Ce fait seul suffirait pour faire rejeter, *apriori*, tout ce qui est sorti de sa plume.

M. Guérin, aveuglé par son ancienne amitié pour le bâtonnier, n'est pas dans les conditions voulues pour le juger impartialement. Mais il aura beau faire, il ne pourra sortir de ce dilemme :

1° Si M. Roustaing connaissait les fraudes, par lui attribuées à notre Maître relativement au contrôle universel, — car en les supposant réelles il n'y a pas d'autre nom à leur donner, — s'il les connaissait, dis-je, son devoir eût été de les démasquer avant que notre philosophie ne se fût implantée dans nos esprits et dans nos cœurs.

2° Si, comme on le prétend habilement, il ne l'a pas fait, pour « ne pas compromettre le succès et le progrès général du Spiritisme » (p. 378), pourquoi, alors, avoir attendu la mort de Mme Kardec, survenue il y a quelques mois à peine ? Notre doctrine, bien avant cette époque, était assez fortement établie, je pense, pour ne pas courir plus de danger qu'aujourd'hui, par la publication de ce pamphlet.

Le comité de lecture, assez clair-semé en ce moment par suite des vacances de la majorité de ses membres, énumère complaisamment (p. 363) les villes où M. Roustaing est admis ; avec cette toute petite différence que, pendant que celui-ci est accepté, beaucoup par esprit de clocher, à Bordeaux (1) et dans les bourgs environnants, encore imbus de Catholicisme, Kardec rayonne dans le monde entier. Pour mentionner toutes les localités où l'œuvre de son génie a pénétré, ce n'est pas trois lignes, mais des volumes qu'il faudrait !

Fin de la note.

---

(1) Nous apprenons, au contraire, que les principaux centres de Bordeaux récusent complètement son autorité ; et, parmi de nombreuses preuves à l'appui, en voici une :

Bordeaux, 27 juin 1883.

Monsieur G. Delanne, Paris.

Vivement impressionnés du pamphlet publié dans notre ville, sous les auspices et avec le concours pécuniaire de M. Guérin, par de prétendus élèves de Roustaing, nous avons, mes amis et moi, lu avec satisfaction, dans le dernier numéro du « *Spiritisme* », l'expression de la légitime indignation que cet écrit a soulevée dans tous les esprits honnêtes et dont vous vous êtes fait l'interprète.

D'abord, nous nions que M. Roustaing ait jamais eu dans notre contrée, où nous avons vécu avec lui, la situation d'un maître ès-spiritisme. Très convaincu, très dévoué, très bon pour tous ceux qui l'approchaient, sans distinction de classe, il n'a eu, en somme, que la situation d'un chef de groupe, enseignant, avec l'autorité de son savoir et de son talent, ce qu'avaient révélé, à lui et à d'autres, les esprits missionnaires de notre Doctrine.

Son ouvrage des *Evangiles*, que nous avons péniblement lu et

Mme Fropo a fait une réponse nette et digne à la brochure de M. Roustaing (*Revue de Juillet 1883*).

Spirite de la première heure, ayant vécu de longues années dans l'intimité de M. et de Mme Kardec, cette dame était doublement qualifiée pour défendre la mémoire de Celui que nous vénérons tous.

Après cela, il eût été bon de clore l'incident, pour éviter tout ce qui tendrait à diviser les adeptes d'une doctrine de fraternité et d'amour ; malheureusement, les dissertations faisant suite à cet article imposent une réplique.

Si nous n'admettons pas l'existence fluidique du Christ, c'est parce que, dans cet état, sa vie, loin de nous être en modèle, manquerait entièrement à son but et nous pousserait plutôt à la révolte, nous donnant le droit de demander : « Pourquoi subissons-nous tou-

---

relu, a pour seul but d'établir la nature fluidique du corps de Jésus, et toute son argumentation vise ce résultat.

Nous nous associons absolument aux appréciations d'Allan Kardec sur ce sujet. Son article est empreint de l'impartialité et du sens pratique qui se retrouvent dans ses œuvres ; et, *quoi qu'en disent Roustaing et ses élèves* (?), *nous persisterons à l'appeler :* **le Maître.**

Si, en écrivant sa brochure, qu'il avait, il faut le reconnaître, enfouie dans ses cartons, l'ancien bâtonnier céda à un mouvement d'amour-propre froissé, appartenait-il à ses héritiers ou légataires d'exhumer cette chose malsaine et d'étaler aux yeux de tous ceux qui ont connu et estimé Roustaing, un document dénotant un orgueil démesuré, et devant gravement atténuer les sentiments dont ils aimaient à entourer son souvenir. C'est le cas de dire avec le fabuliste : *Mieux vaudrait un sage ennemi.*

L'irréflexion et la maladresse de ceux qui se sont rendus coupables de cette mauvaise action, au lieu de nuire à Kardec, n'ont atteint que Roustaing et renversé sur lui le piédestal sur lequel ils prétendaient l'élever.

Veuillez, cher Monsieur et F. E. C., agréer, etc.

THIBAUD,
19, rue Traversière, Bordeaux.

« tes les angoisses de la vie, pendant que, chez le « plus fort et le plus élevé d'entre nous, elles furent « simplement simulées? »

Si, au contraire, le grand Apôtre a *réellement* souffert dans sa chair, sa mission devient un magnifique enseignement *vécu*, une exhortation à la résignation et à toutes les vertus qu'il a hautement pratiquées jusque dans les moments les plus douloureux.

Ce dernier point de vue éclaire la vie du Nazaréen d'une vive lumière et, sans risque de nous tromper, nous pouvons souffrir et pleurer avec lui, lorsqu'étendu sur la croix il implorait la miséricorde divine.

Dans la première hypothèse tout devient obscur : ses actes ne sont qu'une comédie indigne de sa noble et douce figure, le sang qui s'échappait de ses blessures est un trompe-l'œil et, dans cette condition, il lui était facile de pardonner à des bourreaux qui ne le faisaient point souffrir.

Ses paroles, sur lesquelles tant de générations ont vécu, deviennent sans portée.

Il mentait, quand il s'écriait : « Mon Père, s'il est « possible, que cette coupe s'éloigne de moi. Toutefois « ta volonté et non pas la mienne. » Ou bien : « Mon âme « est triste jusqu'à la mort ! » etc., etc.

D'une part, un Jésus divin par son sacrifice et à la fois si humain dans cette invocation désespérée sur la croix : « Mon Dieu, mon Dieu, pourquoi m'as-tu aban- « donné? »

D'autre part, un Christ donnant l'inutile spectacle de vertus inimitables dans notre économie présente.

J'aimerais mieux me réfugier dans l'idée qu'il n'a été

qu'un mythe, comme quelques auteurs inclinent à le croire.

Les partisans de Roustaing se disent « de ces spirites « auxquels il faut un Christ *triomphant* et non *san-* « *glant* » (p. 310).

S'ensuit-il qu'il nous le faille « *sanglant* », comme on tend habilement à l'insinuer ? Grâce à Dieu, nous n'avons pas les instincts si féroces ! Mais nous ne voulons pas d'un Christ amoindri ; et, pour être « triomphant », il faut qu'il ait lutté, par conséquent souffert ; sans quoi son triomphe serait fictif.

On ne peut admettre qu'il avait « Marie, sa mère adop- « tive, pour médium ». Elle ne l'accompagnait nulle part. Or, toutes les expériences de matérialisation démontrent que la présence du médium est *indispensable*. M. Roustaing n'a *jamais* eu les preuves contraires.

Que si, un jour, cet étonnant phénomène se produira ainsi, personne ne le sait et l'on ne peut s'en autoriser pour étayer la doctrine des Docètes, condamnée par les lois *positives* du Spiritisme, comme aussi par la logique et la morale.

Nos convictions n'ont été ébranlées ni par la réfutation suivante (signée : De Turck, p. 311), ni par la « Communication spontanée » (p. 313).

Cette dernière n'est que l'opinion d'un esprit et, à ce titre, elle n'a qu'une valeur *subjective*, tout comme l'ouvrage de l'ancien bâtonnier.

Les précieuses instructions d'Allan Kardec nous ont mis en garde contre les théories individuelles, non sanctionnées par ce consentement universel, dont l'avocat bordelais se moque si agréablement et pour cause ; mais qui, pour nous, est et sera toujours le contrôle suprême.

Le peu de succès du livre en question, en Belgique comme en France, est la meilleure réponse à l'affirmation, évidemment exagérée, que les journaux belges confirment « *tous* » (!) (p.311) les appréciations énoncées dans l'article de M. de Turck qui, sans conclure nettement, se prononce plutôt dans le sens de l'auteur des *Quatre Evangiles*.

Loin de nous la pensée d'imposer nos vues sur la nature du Christ, communes pourtant à la majorité de nos frères de tous pays.

Que ceux qui, là-dessus, sont de l'opinion de M. Roustaing, la gardent s'ils en sont heureux ! Trop de points communs nous relient, pour nous diviser sur cette question qui, après tout, n'est pas fondamentale.

Aussi bien aurais-je suivi le sage conseil de Mme Fropo, et me serais-je abstenu de toute polémique sur ce sujet, bien qu'il soit loin d'être épuisé, si, comme ancien et sincère ami d'Allan Kardec, je n'eusse jugé nécessaire de répondre à une remarque *anonyme*, insérée à la suite de la « Communication spontanée » (p. 313).

Du même coup, je suis sorti de ma réserve sur Jésus.

Je regrette l'excessive tolérance de cette remarque, pour un acte que le public, au contraire, a justement flétri.

En juin 1866, Allan Kardec fit, dans la *Revue*, un compte rendu sur les *Quatre Evangiles* de M. Roustaing. Celui-ci, « homme très-libéral, très honnête » (p. 314), en réponse à cette réfutation où il se prétendit blessé, écrivit, contre le premier, une brochure, véritable pamphlet, que, *sur son ordre*, ses exécuteurs testamentaires viennent d'éditer à des milliers d'exemplaires et d'envoyer, *directement et gratuitement*, à tous les spirites de France et de l'Etranger, dont ils ont su se procurer les adresses (1).

17 ans après la publication de l'article, 14 ans après la mort de l'auteur et immédiatement après la mort de sa veuve !!

Ce n'est ni « très libéral ni très honnête » !

Malgré notre reconnaissance admirative pour le grand Missionnaire qui nous a donné de si hautes consolations, nous n'en faisons pas un fétiche.

Dans l'accomplissement de sa tâche si difficile, si ingrate, il a pu et dû mécontenter plus d'une personne; ne fût-ce que les nullités ambitieuses et jalouses, avides de lauriers faciles et dont, par la force des choses, il devait se faire des ennemis irréconciliables.

Si donc M. Roustaing avait à se plaindre de Kardec, que ne le fit-il du vivant de ce dernier ? Cela *seul* eût été « très simple, très naturel » (p. 314), et j'ajouterai, très loyal ; celui-ci étant encore là pour se défendre.

Tout au moins, si l'on craignait une réplique trop ferme, fallait-il parler avant la mort de la Veuve. Sa voix autorisée aurait pu réduire à néant les insinuations calomnieuses dont ce pamphlet fourmille.

En son absence, c'est donc à nous, disciples et dépositaires de l'œuvre si péniblement édifiée par notre regretté Maître (2), de qualifier comme ils le méritent les agissements de l'ancien bâtonnier et, j'en appelle à tous les spirites sincères, ce n'est pas là faire un « vain commentaire» (p. 314).

---

(1) Nous connaissons et pourrions désigner en toutes lettres l'Administration d'où partent ces adresses.

(2) Maître dans le sens d'Instructeur et non de Directeur.

On admettra difficilement que Kardec ait pu faire des « blessures qui aient saigné » (p. 313) pendant de longues années. C'est plutôt le contraire qui est vrai ; et moi qui ai eu le bonheur de l'approcher de près; je l'ai rarement vu relever les attaques qu'on lui prodiguait.

Le pauvre homme souffrait en silence et il est mort à la peine, sans se plaindre, en véritable Apôtre.

D'ailleurs nous avons sous les yeux la cause du conflit, M. Roustaing lui-même nous l'a fait connaître dans sa brochure et c'est sa condamnation, car l'article en question est un modèle de sagesse et de modération. C'est ainsi, qu'aveuglé par son ressentiment, l'avocat bordelais, tout versé qu'il fût dans les Ecritures, oublia cette profonde parole de la Bible : « Le méchant fait une œuvre qui le trompe » (*Proverbes*, ch. XI, v. 18).

Par cette publication posthume il espérait avoir le dernier mot. Mais l'habileté de ce tour d'avocat n'a pu prévaloir contre la Vérité ; et voilà qu'on remue ses cendres à lui qui n'a pas respecté la mort.

« Tous ceux qui auront pris l'épée périront par « l'épée » (*Matth.*, ch. XXVI, v. 52).

L'indulgente remarque trouve que le bâtonnier n'a fait qu' « exhaler une plainte » (p. 314). Or, ce qui s' « exhale » de cette diatribe, ou plutôt ce qu'elle sue, c'est : l'envie, l'amour-propre blessé, et cette blessure, la seule dont l'auteur ait vraiment souffert, n'est pas l'œuvre de notre cher Initiateur.

Que reste-t-il donc de tant de griefs accumulés ?

De bonne foi, peut-on rendre Kardec responsable de l'échec des quatre Evangiles ?

Reprocher l'autoritarisme à l'homme qui n'a jamais rien admis de sa seule autorité, n'est pas sérieux.

Ah ! je comprends la grande colère de M. Roustaing contre le contrôle universel ! Il l'a dédaigné et a vu ce que cela lui a coûté !

Mais, malgré lui, ce contrôle s'exerce. Il a fait justice de son œuvre et de ses agissements présents ; de même il jugerait les manœuvres futures, si elles devaient se produire ; car il nous est parvenu que le bâtonnier tient encore d'autres aménités en réserve, pour la publication échelonnée desquelles il a laissé une forte somme.

Maintenant, libre à lui d'appeler « système préconçu », (*Les Quatre Évangiles, réponses à ses critiques, etc.*) cette soumission à l'opinion publique qui exclut tout système préconçu ; c'est apparemment une de ces subtilités auxquelles la vie de Palais l'avait habitué, mais que nous ne comprenons pas.

J'arrive à l'attaque la plus perfide. Si elle était justifiée, elle ne tendrait à rien moins qu'à infirmer le Spiritisme. L'auteur n'a pas voulu aller jusque-là, je pense ; car, malgré sa triste manière d'appliquer les principes de notre Philosophie, on ne peut nier qu'il ne soit spirite :

Comme le bien, le mal dépasse toujours la limite qu'on se trace; et c'est ce qui devrait arrêter le méchant.

Non content donc de rejeter le contrôle universel, qui est un trait de génie et de conscience, M. Roustaing suspecte la loyauté de Kardec, jusque dans la façon dont il l'appliqua.

Ce dernier se disait en correspondance avec près de mille centres sérieux, dont il recueillait les communications, et ne considérait comme acquises à la Doctrine que les questions ralliant la majorité et corroborées par une rigoureuse logique.

Cette manière de procéder, la plus sage et la moins autoritaire est, encore aujourd'hui, sanctionnée par l'immense succès de ses travaux.

D'ailleurs, par une dispensation Providentielle, il n'était pas médium. Forcé d'admettre des collaborateurs, la tentation d'imposer ces seules vues ne pouvait lui venir.

Or, écoutez ce profond raisonnement pour mettre en doute le nombre de groupes auxquels Kardec avait affaire.

Le voici en résumé (*Les Quatre Evangiles, réponse à ses critiques, etc.*, p. 46) :

« En 1868, trois mois avant la mort du Maître, la « *Revue* ne comptait que six cents abonnés. Celui-ci ne « pouvait donc être en rapport avec *mille* centres. » (Il a dit : **près** de mille centres et ce chiffre n'a **jamais** été démenti de son **vivant!**)

« Ils ne lisaient pas tous la *Revue*. » (Qu'en savez-vous?) « Un groupe sur deux, au plus, s'abonnait. » (Encore une fois, prouvez-le.)

Et là-dessus il table pour se demander : « Alors, que « devient le critérium universel ? Quelle créance peut-on « lui donner? »

Pour nous, au contraire, le nombre de ces abonnés est en faveur du chiffre avancé qui est loin d'être surfait ; car tout journal compte au moins deux ou trois fois plus de lecteurs que d'acheteurs, surtout quand il va dans un groupe ; de sorte que l'argument tombe à plat.

Pas fort pour un avocat !

En concédant même que sur ces six cents abonnés, ce qui par suite du rayonnement du journal suppose un grand nombre de lecteurs, cinq cents seulement fussent en correspondance avec le Rédacteur (1), ce serait encore un magnifique contrôle.

Peut-on, humainement, en demander davantage ?

Eh bien ! pour M. Roustaing ce n'est pas assez, — ce qui nous étonne de la part d'un homme qui fait fi de ce procédé ; — car il ajoute : « En 1865, en dehors de « ces mille centres sérieux, il devait en exister une « foule d'autres, qu'Allan Kardec ne consultait pas, « chez lesquels son critérium universel ne pouvait « trouver de base ; cependant, cette énorme quantité « de groupes échappaient à son action. »

Cet aplomb me rend rêveur. Comment pourrait-on bien communiquer avec tous les spirites du monde entier ?

En outre, dans cet alinéa, on admet l'existence d'une « énorme quantité de groupes », et, d'autre part (page 49, note 1), le Maître est accusé de l'avoir exagérée. Quelle contradiction !

Ensuite (page 46) : « Ces groupes idéals ne furent « sérieux que pour la forme. L'imprimeur, par inad- « vertance, a dû mettre un chiffre que le Maître n'aura « pas supprimé. »

On le voit, d'après ce que j'ai expliqué plus haut, ces assertions ne sont pas fondées, et en les taxant de perfidie, je ne les calomnie pas.

Heureusement le trait est lancé d'une main inhabile,

---

(1) Les abonnés n'étaient pas les seuls correspondants du Maître. De tous les côtés, le vaste mouvement spirite qu'il avait créé, convergeait nécessairement vers lui ; j'en ai été le témoin oculaire.

il retourne vers son point de départ ; car l'Initiateur, auquel on voulait nuire, sort plus grand que jamais de ce débat qui, par contre, ébranle singulièrement la confiance en son adversaire et en la source spirituelle qui l'inspirait ; laquelle, sans autre preuve, il faudrait admettre sur sa simple affirmation.

Comment, ensuite, croire à la sincérité de l'appel à la charité, à l'union, de celui qui jette ce brandon de discorde parmi des frères en croyance, et cela à propos de la non réussite d'un livre !

A l'exemple de leur maître et d'après son orthographe défectueuse, les élèves de M. Roustaing nous appellent : « Kardekistes (Kardecistes, s. v. p.), infaillibilistes. »

Or, rien n'est moins juste que cette épithète qui a la prétention d'être blessante et qui ne nous atteint pas. A bon droit je la renvoie à ceux qui, sans autre examen, se soumettent au dire d'un seul homme.

Qu'on nous présente des vérités plus hautes, plus lumineuses que celles que nous possédons, et, sous les auspices mêmes du Maître qui n'a fermé la porte à aucun progrès, nous les accepterons !

En ai-je vu échouer de ces efforts tentés dans ce sens, même parmi les soi-disant amis de Kardec ; car ils sont nombreux ceux qui, pour le déchirer tout à leur aise, se parent de ce titre sacré. (Faire patte de velours pour pouvoir mieux égratigner.)

Mais, jusqu'à présent, rien n'a pu supplanter ni infirmer le Spiritisme.

Au contraire, le nombre de ses adeptes va toujours croissant, et les points les plus contestés autrefois, conquièrent de plus en plus les esprits dans le monde entier. Comme, par exemple : la Doctrine de la Réincarnation.

Une philosophie qui sort victorieuse de tant d'assauts, peut regarder l'avenir avec confiance.

De quelque côté que vienne l'attaque : secte Roustaing, Théosophisme ou autres Sophismes, vous n'ébranlerez point l'œuvre immortelle que le divin Missionnaire a bâtie sur le roc !

MICHEL ROSEN.

CONCLUSION

Nous ne saurions mieux terminer qu'en reproduisant, d'après le *Temps* du 15 août dernier, l'annonce suivante :

« Le Spiritisme se modernise. En se présentant sous « les apparences d'une religion nouvelle à notre société « incrédule, il risquait de n'être point écouté. Aussi « vient-il d'accomplir une évolution sur laquelle il « compte beaucoup pour se faire prendre au sérieux. « Les continuateurs d'Allan Kardec se réclament au- « jourd'hui non d'un corps de doctrines religieuses, « mais d'un corps de doctrines scientifiques. Ils se sont « réunis, il y a quelques jours, en assemblée générale « et ont décidé à l'unanimité que le titre ancien de « *Société pour la continuation des œuvres spirites* « *d'Allan Kardec*, était modifié ainsi qu'il suit : La « Société prend la dénomination de « *Société scientifique* « *du Spiritisme* ». « Voilà qui s'appelle marcher avec « son temps. »

Oui, c'est une véritable évolution et des plus graves encore ; elle va nous réserver bien des surprises. On supprime le nom vénéré d'Allan Kardec pour prendre le titre de « *Société* **scientifique** *du Spiritisme* ».

Sous cette dénomination aussi habile qu'élastique, on abritera tel système que l'on voudra : Théosophisme, doctrine Roustaing, etc., etc.. Toutes les... évolutions pourront s'accomplir sous prétexte de Science.

L'avenir nous démontrera dans quelle voie l'on veut s'engager, mais c'est à nous de veiller et, quoi qu'il arrive, nous maintiendrons envers et contre tous l'œuvre du Maître, dont le nom restera inscrit sur notre drapeau en lettres d'or.

Et maintenant à chacun de faire son devoir ! Nous comptons sur l'appui moral de tous nos frères, dans cette campagne où la victoire restera définitivement aux cœurs droits, luttant contre les subterfuges et les procédés cauteleux qui osent se produire au grand jour, sous le masque de la *Tolérance* et de la *Charité*, pour mieux surprendre les âmes simples.

Nous voulions la paix, nous le déclarons en toute sincérité ; on nous contraint de prendre les armes, pour sauvegarder l'intégralité de notre Doctrine. Inclinons-nous devant cette dispensation providentielle et marchons en avant, confiants dans la force de la Vérité, appuyés sur nos frères incarnés et désincarnés.

On le voit, le moment est sérieux ; nos principes mêmes sont en cause.

N'avons-nous pas raison de jeter le **cri d'alarme ?**

Michel Rosen.

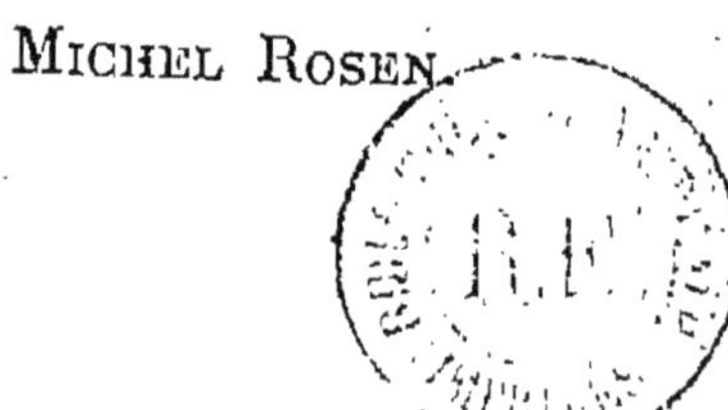

TABLE

4303 — Paris. Imprimerie brevetée A. MICHELS, passage du Caire, 8 et 10.
Usine à vapeur et Ateliers, impasse de la Grosse-Tête, 5 et 7.

www.ingramcontent.com/pod-product-compliance
Ingram Content Group UK Ltd.
Pitfield, Milton Keynes, MK11 3LW, UK
UKHW021151220726
13924UKWH00003B/1106